筑境

中国精致建筑100

岳麓书院

中国建筑工业出版社

出版说明

中国是一个地大物博、历史悠久的文明古国。自历史的脚步迈入新世纪大门以来，她越来越成为世人瞩目的焦点，正不断向世人绽放她历史上曾具有的魅力和光辉异彩。当代中国的经济腾飞、古代中国的文化瑰宝，都已成了世人热衷研究和深入了解的课题。

作为国家级科技出版单位——中国建筑工业出版社60年来始终以弘扬和传承中华民族优秀的建筑文化，推动和传播中国建筑技术进步与发展，向世界介绍和展示中国从古至今的建设成就为己任，并用行动践行着"弘扬中华文化，增强中华文化国际影响力"的使命。从20世纪80年代开始，中国建筑工业出版社就非常重视与海内外同仁进行建筑文化交流与合作，并策划、组织编撰、出版了一系列反映我中华传统建筑风貌的学术画册和学术著作，并在海内外产生了重大影响。

"中国精致建筑100"是中国建筑工业出版社与台湾锦绣出版事业股份有限公司策划，由中国建筑工业出版社组织国内百余位专家学者和摄影专家不惮繁杂，对遍布全国有历史意义的、有代表性的传统建筑进行认真考察和潜心研究，并按建筑思想、建筑元素、宫殿建筑、礼制建筑、宗教建筑、古城镇、古村落、民居建筑、陵墓建筑、园林建筑、书院与会馆等建筑专题与类别，历经数年系统科学地梳理、编撰而成。本套图书按专题分册，就其历史背景、建筑风格、建筑特征、建筑文化，结合精美图照和线图撰写。全套100册、文约200万字、图照6000余幅。

这套图书内容精练、文字通俗、图文并茂、设计考究，是适合海内外读者轻松阅读、便于携带的专业与文化并蓄的普及性读物。目的是让更多的热爱中华文化的人，更全面地欣赏和认识中国传统建筑特有的丰姿、独特的设计手法、精湛的建造技艺，及其绝妙的细部处理，并为世界建筑界记录下可资回味的建筑文化遗产，为海内外读者打开一扇建筑知识和艺术的大门。

这套图书将以中、英文两种文版推出，可供广大中外古建筑之研究者、爱好者、旅游者阅读和珍藏。

目录

岳麓书院

岳麓书院位于湖南长沙秀丽的岳麓山下，湖南大学校园中，是一座誉称千年的学府。岳麓书院也是我国古代著名的四大书院之一。当人们进入这座古色古香的建筑时，无不为其悠久的历史和优雅的环境而赞叹。书院建筑所显示出的独特而典雅的文化气质，给人以深刻的感染力，令人肃然起敬，流连忘返。

　　书院是中国古代特有的教育体制，属于官学系统之外的社会教育机构，它兴起于唐代，历经宋、元、明、清，达千年之久，是我国古代后期培养人才、发展学术的主要场所，也是近代改制学堂、学校的主要基础，书院不像官学那样受地域、等级、名额、年龄、科举的种种限制，而是一种较少束缚，较为灵活的教育形式，比如提倡讲学自由，读书与修养并重，教学与研究结合，具有讲学、藏书、祭祀、出版等综合功能。所以书院一般都是地方的文化教育中心和一些学派的发展基地。

一、名山事业

筑境　中国精致建筑100

岳麓书院肇始于唐末五代，当时社会动乱，世风日下，和尚智璇等因慕"儒者之道"，割寺地，建学舍，购书办学，开创了书院前身。北宋开宝九年（976年）潭州太守朱洞在此"因袭增拓"，正式建院，当时已有"讲堂五间，斋序五十二间"。随后又扩建礼殿于前，书楼于后，形成书院的讲学、祭祀、藏书基本规制，并为后代所继承，为他院所效仿。初有学生60名，随后增至100多人，由于办学成绩斐然，1015年山长（即院长）周式得到宋真宗皇帝的召见，并赐书、题额，由此闻名于世，成为地方最高学府。南宋时，理学家张栻（号南轩，1133—1180年）主持书院，确立以"成就人才，传道济民"的办学宗旨，

图1-1 书院大门
上额为宋真宗皇帝的字迹。门联是清代山长袁岘冈撰上联，学生张中阶应下联，师生合作而成，显示出岳麓的历史奉献和激励后人勤奋开拓，兴学不断。

図1-2 麓山风貌
岳麓山地处湖南省长沙市湘江西岸，古称南岳七十二峰之尾，故名岳麓。麓山灵泉萦绕，诸峰叠秀，别成佳境。书院位于山麓，坐西朝东，面向湘江，隐现于林海之中

成为湖湘学派的主要基地。1167年著名学者朱熹（号晦庵，1130—1200年）自福建专程来访，进行学术辩论，首开书院不同学派"会讲"的风气，远近来学者达"千徒之盛"，以致池水被马饮干，至今留有饮马池名。讲堂遗存的"忠孝廉节"四个大字，就是当年朱熹留下的字迹，成为书院的院训。1194年朱熹出任湖南安抚使，再度来院讲学，并整顿扩建书院，将《朱子教条》立为学规。朱、张之学成为岳麓传统，深刻影响了湖南的学风。宋末元军围攻长沙，岳麓学生仍坚持学习，并参加战斗，"死者无算"，史称"南轩之教，身后不衰"，被视为岳麓的传统精神。元代继续办学，仍复旧观，"前礼殿，旁四斋，左诸贤祠，右百泉轩，后讲堂，堂之后阁曰尊经，阁之后亭曰极高明，悉如其旧"，保持了原有规

图1-3 明代岳麓书院图

原载明版《长沙府志》，反映
已成院庙并列的格局，并显示
出书院在麓山的主体地位，及
周围的景物特色。

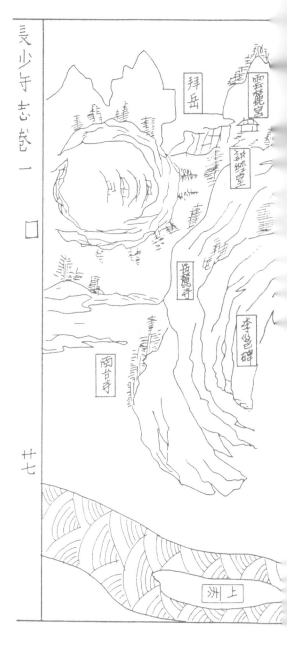

十六

制特点。明代初年因官府禁办书院，岳麓停学百年之久，圮为废墟。自明成化五年（1469年）后陆续重建扩展，恢复办学。明正德二年（1507年）著名学者王守仁（字伯安，1472—1529年）访问书院，随后其弟子多人曾来院讲学，传播王学，岳麓再度兴盛起来。曾仿州县官学形制兴建文庙于院左，形成现存院庙并列的形式，反映了官学的影响。1527年因得明世宗皇帝所撰《敬一箴》及所注《程氏四箴》，增建敬一亭，藏其碑刻，后改名四箴亭，供祀程颐、程颢，并增建崇道祠，供祀朱熹、张栻；六君子堂，纪念自宋以来六位建院功臣，从而突出岳麓的传统特色。清代利用和发展了书院这种形式，普及全国，以致取代了官学，成为主要教育机构。住院学生常在200名左右，分学内、学外两种。学内即属较高程度的秀才，学外为非秀才。教师则主要是山长、导师，各斋选拔优秀学生充任斋长，实际起到助教作用。其他为办事勤杂人员约数至十数人不等。岳麓尤其受到朝廷重视，曾得康熙皇帝赐额"学达性天"和经书十六种。雍正时岳麓被定为全国二十二所"省城书院"之一，作为重点，树立楷模。乾隆时又赐额"道南正脉"，由此一再拨给经费，修建更加频繁。同时增设监院，派官员监督，实行严密的考课制度，以适应科举制度的要求，反映官学化的影响加深，有悖于书院原有宗旨。但岳麓山长中颇多德高望重的学者，仍能发扬传统学风，并关注书院建设，建树甚丰。如罗典、欧阳厚均皆主院27年，捐其所得薪俸，尽力保护文物史迹，开拓建设。道光十三年（1833年）书院

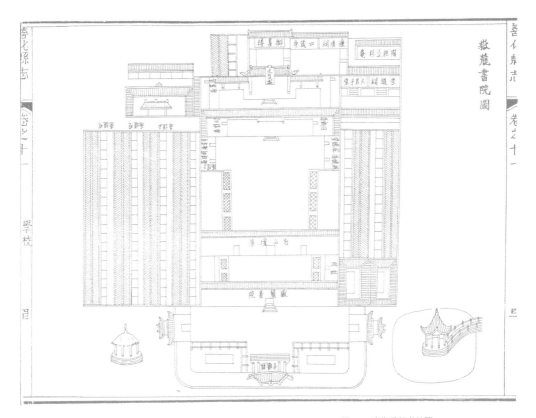

图1-4 清代岳麓书院图
原载《善化县志》，为清同治七年（公元
1868年）大修书院后的最后规模，其中文庙
省略未画，与现存的建筑主体大致相符。

图1-5 院训

其中"忠孝廉节"四字，为宋代朱熹初访书院时留下的手迹；"整齐严肃"四字，为清代山长欧阳正焕的手迹，均存清代石刻嵌立于讲堂。

岳麓书院

名山事业

增设湘水校经堂，仿学海堂制度，不课八股时文，专攻经史，讲求实学，开湖南书院教学改革的先声。岳麓人才辈出，所谓"中兴将相，什九湖湘"，多出于此，如陶澍、魏源、左宗棠、曾国藩、郭嵩焘、曾国荃、唐才常、杨昌济等，都曾在此求学。"惟楚有材，于斯为盛"，正反映它的历史特色。

清末改革学制，废书院，办学堂。1903年岳麓书院改为湖南高等学堂，以后又改名湖南高等师范学校、湖南公立工业专门学校，至1926年成立湖南大学至今。

二、书院胜境

"诸峰叠秀，山泉盘绕"，优美的岳麓山原为宗教的圣地。西晋以前已有道教活动，山上的"蟒蛇洞"传为道士修炼之处，曾有古雪观、崇真宫、万寿宫等道教建筑，今仍存有云麓宫。西晋泰始四年（268年），佛教传入，创建慧光明寺，成为"湖湘第一道场"，即今麓山寺，六朝时又有道林寺，曾达"僧徒三百众"，由此佛教兴盛起来。书院创立时，已是寺庵林立，人称"邻居尽金碧，一一梵王家"。宗教的拓展，同时文人荟萃，开庐结合，东晋陶侃曾植杉建屋，名为杉庵，其址就在书院之内；唐代马燧创建道林精舍于道林寺旁，实为书院的先声。因此它既具自然"清幽之胜"，又多人文"名贤之迹"，虽近市区而不喧闹，成为书院选址择胜的理想环境，也是千年办学不衰的重要原因之一。

书院背倚麓山，面向湘江，前有天马、凤凰两山屏障，形成天然门户；中有大片开辟平地，群山环抱，林泉萦绕，书院建筑群处于这片平地的西端，在岳麓山的主峰之下的山麓地带，坐西朝东，依山势高下展开，错落有致，与麓山融成一体，气势恢宏，视野开阔，占据了麓山的突出中心地位。院以山名，山因院盛，所以书院的设立，人称"岳麓已非前之岳麓矣！"因为岳麓山由宗教祭祀以神为重，转变为培育人才以人为重的场所，由此产生了根本性变化。

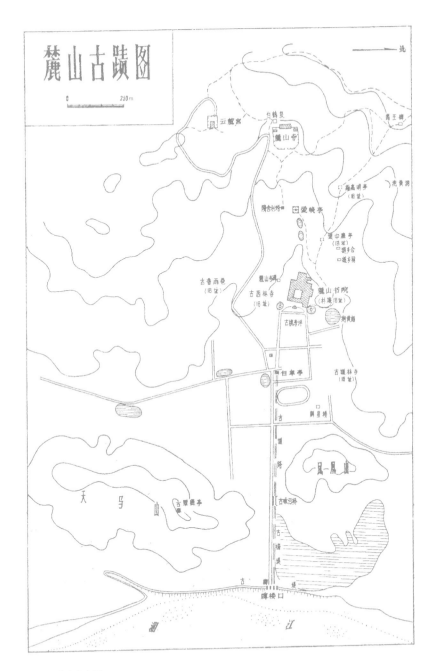

图2-1 麓山古迹图

麓山由宗教圣地转变为书院教育基地，留下了
诸多文化遗迹。以书院为中心，自江岸牌坊至
山顶禹碑，形成贯通麓山的一条中轴线，周围
古迹星罗棋布。

书院不仅重视选址择胜，尤重环境的建设经营，发展自然与人文景观。它利用了原有自江岸登山入庙的"香道"，曾先后增建了浮桥、船斋、牌坊、梅柳堤、摆清池、咏归桥、自卑亭等，成为入院的通道；在院后至麓山主峰，又另辟了登山通道，并增建道中庸亭、极高亭、赫曦台、禹碑亭等，由此构成以书院为中心，贯通麓山上下的一条轴线，突出了书院的中心地位。在这条轴线的左右，还先后增建了翠薇亭、魁星楼、屈子祠、抱黄阁、道乡台、爱晚亭等，星罗棋布，遥相呼应，一改原有的景观风貌，突出了书院的文化特色。惜今已多毁无存，留有的爱晚亭、禹碑亭等，仍为麓山的著名景物。

图2--2 岳麓书院图
原载《岳麓书院志》，反映清代初年的书院特点，示意出群山环抱的环境特征，继承以书院为中心，院庙并列的格局。

图2-3 岳麓书院漆画

此为屏风漆画，描绘了书院环境特色，麓山葱
郁，层林尽染，书院建筑与周围景色融为一体

院周环境建设，精心开拓经营，尤为突出。自宋代在院西就已构成百泉轩园林，山泉汇聚，水景为主，借得麓山景物，相互衬托，古称"书院绝佳之境"。院前原有古桃李坪，以寓意"桃李满天下"。清代进一步整理发展，凿池筑亭，广事栽植，辟成"书院八景"，也为书院师生提供了休憩和学术交流场所，成为户外课堂。至清末逐渐荒废破坏，近年重建修复，再现昔日风采。留下的诸多遗迹，仍能领略书院昔日之胜境。

图2-4 书院主体建筑
书院处于麓山青枫峡下，隐现于一片绿色海洋之中，
秀丽幽深的景色，创造了绝佳的学习环境和游憩胜境。

a

b

三、群体组合

书院建筑是以讲学为主，又兼藏书、祭祀等功能为一体的建筑群。岳麓因其悠久历史，代代相沿发展，逐渐形成了一个庞大的建筑群体，包括讲堂、斋舍、书楼、文庙、专祠、园林等组成部分。它以庭院、天井组合，分成不同性质规模的活动空间，互不干扰而又紧密联系，主次分明，毗连一体。既有集中讲学的场所，又有幽静的学习生活环境；既有神圣的祭祀殿堂，和尊卑有序的祠宇，又有灵活多样的游憩园地；各部分均有宽敞的走廊联系相通，尤其在多雨炎热的长沙，做到了"雨不湿足，日不暴首"，切合实际的合理布局。

书院依山而建，逐进升高，建筑高低错落，大小庭院，穿插其间，使庞大的建筑群体与自然景色融为一体。亭台楼阁、起伏高墙、粉壁窗棂、匾联碑刻，隐现于浓郁的绿荫之中，透露出诗情画意，置身其间，莫不深受一种文人气息的感染。书院建筑群的主体，共有四进院落。院前广场以漏空矮墙围合，与外部风景林木融为一体，显得格外开阔，是第一进院落。原以两侧门为主要通道，后增辟头门以适应集中管理的需要，院中耸立高敞的赫曦台，正对书院大门，并与院外东西两侧的右吹

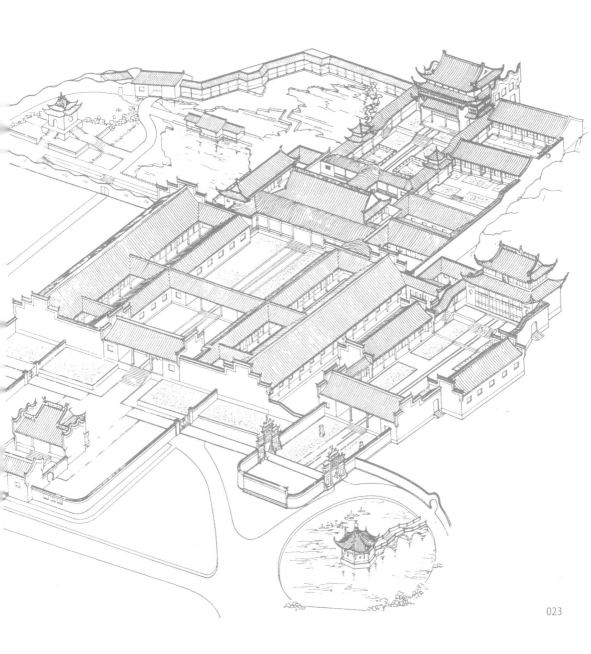

图3-1 书院鸟瞰图

书院依山而建，逐进升高，建筑高低错落，陪衬对比，形成富有节奏的空间变化和群体组合，显示出书院庄重、幽深、典雅的形象。

香亭和风雩亭相呼应，形成院前丰富生动的景观特色。进入书院大门，是一小型封闭的方形庭院，为第二进院落。院中古树参天，浓荫铺地，恰与前院的宽敞通透形成强烈对比，使人顿生宁静幽深之感，跨入斯文之境。旧时游人到此止步，成为区分内外和交通联系的枢纽，并保证了内部学习环境的安静。庭院之北为二门。进二门，北面是讲堂，堂前是一个狭长形的开敞的庭院，为书院主要院落。讲堂前有敞廊九开间，面向庭院，更显示讲堂庄重宽敞的形象，必要时庭院也可成为听讲的场所。讲堂之后，为书楼所在的最后一进院落，周围亭廊，构成廊院。庭中开池架桥，点缀花木，别具一格，衬托出高耸的书楼，形成书院建筑群的高潮。

大门至讲堂庭院的两侧，东西斋舍对称，原供学生住宿生活，各自形成独立的窄长院落，保证了安静的学习环境；讲堂至书楼的东侧有湘水校经堂及各专祠共四栋建筑，紧密毗连，排列有序，小院、天井相隔，别有洞天之感；讲堂至书楼的西侧为布局自由灵活的百泉轩园林，这里有曲廊石径，小桥流水，极尽天然情趣，令人心旷神怡。

院东祭孔的文庙与主轴并列，另成轴线，前有照壁、牌坊、石狮，中有大成门、大成殿及两庑，后有崇圣殿（已毁）。依文庙通例，采用红墙黄瓦，宫殿式建筑，与灰墙青瓦的书院格调迥然不同，显示它神圣尊贵地位。而两者连通一体，虽对比强烈，但相互衬托，更丰富了建筑的形式与空间的效果。

四、赫曦之台

在第一进院落中耸立的赫曦台是一座戏台，在我国书院建筑中是仅见的，也可以说是一种独创。因为作为讲授理学的书院，民间戏曲是很难在这里登"大雅之堂"的。一般来说，戏台这类建筑多出现在民间的祠堂、会馆中。

清代乾隆时，山长罗典为美化环境，提供师生游憩场所，创建此台，借用了民间戏台形式，因此初名前亭或前台。嘉庆年间山长欧阳厚均在山上探访古迹，发现了宋代赫曦台残碑，因此改名赫曦台。原来的赫曦台，是因朱熹初访岳麓时曾命名山顶为"赫曦"而得名。张栻建台，朱熹题额，含观日之意。该台久废无存。此台借用旧名，就更具有纪念朱、张的意义。今台上屏风刻有朱张的唱和及王守仁、毛泽东等有关诗作，正体现其传统渊源。

图4-1 赫曦台正面
正对书院大门，耸立在院前院落之中，虽采用了民间戏台形式，但较为开敞，并含有纪念朱熹、张栻曾在山上建台观日之意，故存旧名。

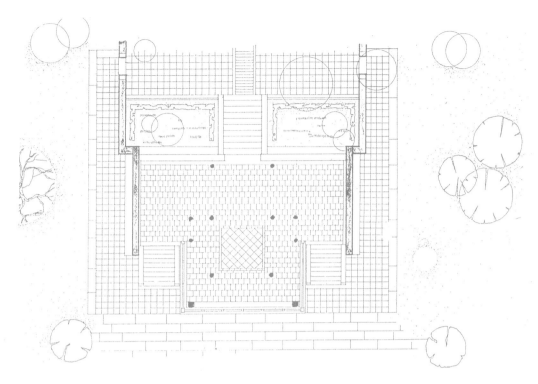

图4-2 赫曦台平面图

粗犷的石砌台基，呈凸形平面，前后开敞，有
石级可登；台上不加隔断，便于眺望观赏，也
成游人乐于流连之处。

赫曦台的造型与装饰表现出湖南民间戏台的一些特点。平面为凸形，三开间，前后有石级可登。粗犷的石台基与轻盈的木构架，弓形起伏的山墙与歇山和硬山屋顶的结合，既有强烈对比，又有协调匀称的构图比例。镂空的屋脊、高翘的屋角、卷棚的檐口，也都是湖南民间传统建筑的做法特征，建筑造型十分丰富。墙头和山花的堆塑装饰，采用了"老子出关"、"张良进履"民间神话和"加官进禄"、"麻姑献寿"等戏曲题材，造型细腻生动，尤其台上留下的两个黄色的"福"、"寿"大字，别有韵味，十分醒目，传说为一无名道人用扫帚醮黄泥书写的字迹，被视为仙迹，给书院更涂上了一层神秘色彩。岳麓书院在清代还曾建文昌阁、魁星楼和岳神庙等，时有乡民在此烧香拜神，祈求功名。这类建筑在书院中实在是悖原旨的，这也是官学化以后出现的衰败现象。

图4-3 赫曦台背面

为硬山坡顶，处理简洁。墙上显露"寿"字，相对墙面有一"福"字，均高丈余，十分突出，曾传为"仙迹"。

图4-4 赫曦台剖面图
两侧高耸弓形山墙，中为木构歇山与硬山结合的构架屋顶，小青瓦屋面，空花琉璃脊饰，均为湖南的地方做法特点。

图4-5 天花装饰

台上顶棚天花，采用以福寿为主题的木雕图案装饰。因南方气候潮湿，彩画颇难耐久，故多用雕饰更为雅致。

图4-6 赫曦台山墙墀头、出檐装饰/对面页

山墙墀头成为该台的重点装饰（图为"老子去关——授予关尹《道德经》"和"加官进禄"），采用细腻的堆塑艺术处理；出檐不用斗栱，采用简洁的卷棚形式；台口额枋下用雕空的卷草角花，粗中有细，耐人寻味。

赫曦台虽借用了民间世俗形式，但仍与一般民间的祠堂、会馆、庙宇的戏台有所不同。它没有采用带两侧厢楼围合的封闭院落的传统戏台形式，而是完全开敞，独立于庭院之中，造型、构造和装饰均较简洁，与书院建筑的整体格调还是一致的。从它的布局和造型来看，却含有一种"亭"的意味。原在台的两侧墙外开凿荷池作为衬托（今已毁成林），又环以透空矮墙与之形成对比，前与书院大门互为对景，构成进入书院前的一个十分精雅的空间，人们常常流连于此，登台展望书院景色。台上楹柱上有"合安利勉而为学，通天地人之谓才"的联句，更令人对如此自然与人文胜地，探求学问培育人才而赞叹向往。

五、斯文之门

◎筑境 中国精致建筑100

作为建筑物的主要出入通道的门，在中国传统建筑中具有特别重要的意义。门是建筑物的性质规模和性格特征的重要标志，所以古代的宫式大门在形式、大小和装饰上都有一定的规制。重要的建筑往往设置多重门道，不仅是为了安全的目的，更重要的是为了体现建筑的地位与尊严，在进入一道道的重门之后，会使人产生一种崇敬之情。

岳麓书院在进院前的通路上作了精心安排，颇具特色。自宋代始就在原来登山的香道靠江边的一端建立一座石坊，上额"岳麓书院"，是宋真宗手书。这是进入学院斯文之地的第一个入口的标志，惜于近代毁坏，但仍留下牌楼口的地名供人缅怀，其石额仍保存在书院中。过石坊前约900米，于清代又增建一砖亭，名自卑亭，取意"登高必自卑"，这也暗示了学海无涯，千里之行始于足下。亭跨于路中，行人穿亭而过。它既是亭，也是一个门

图5-1 大门正面
耸立在十二级高台之上，格外突出。白色粉墙，中部黑漆木构门户，一对汉白玉抱鼓石，配以门额、对联，清新明快，一派斯文气息。

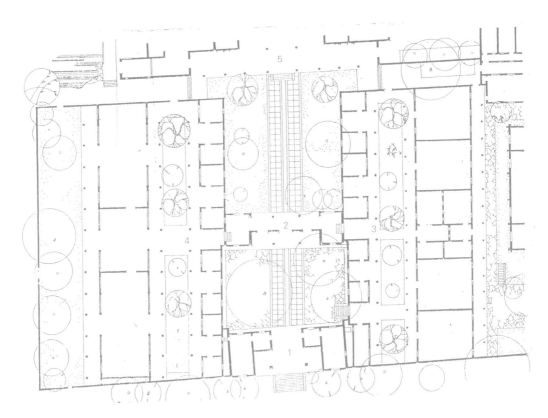

1.大门；2.二门；3.半学斋；4.教学斋；5.讲堂

图5-2 中轴线平面图
在赫曦台与讲堂之间，中轴线上设有大门和二门。大门为书院的主要门户，二门通往讲堂及左右斋舍，成为区分内外的过渡空间和交通枢纽。

图5-3 大门抱鼓石

朴实无华的黑色大门，配置一对雕饰细腻生动
的白色抱鼓石，上鼓饰三狮戏球高浮雕，下层
为织锦图案，更加雅丽诱人，重点突出，收到
以少胜多之效。

洞标志。在亭中小憩可纵览麓山及书院全景，
近代湖南大学建设发展，这里已成为校园的中
心区，此亭处于路的一侧，环境面貌与昔日已
大不一样了。过亭前行约400米便到达书院。
通过书院的侧门（近代增辟头门）进入前院，
方显露出书院主要门户——大门。大门之内，
又有二门，穿过层层空间登堂入室。正是以如
此漫长的通道，幽深的景色，以及重重设立的
坊亭门户，使昔日的学子们能去除浮躁，潜心
静气地进入书院，砥砺学志。

　　书院的大门，高踞于十二级台基之上，
显得十分崇高而有气势。门为厅式，五开间，
为硬山屋顶，中间凹入，为三间门廊，两侧为
高耸的大面积封火山墙，造型简洁，强烈的
虚实对比，使入口的形象更为突出。在入口

图5-4　二门
大门之北为二门五开间建筑，中三间隔墙开门三个，由此
通往讲堂及东西斋舍，起到区分内外和交通枢纽作用，并
增加了院内庭院的层次感。门前庭院中古树数株，枝繁叶
茂，形成一片清幽境界，给人强烈的感染力。

筑境 中国精致建筑100

凹廊内白色粉墙的中部是黑色的木门，配置一对雕刻十分精致的白石抱鼓，门的上方悬宋真宗手书"岳麓书院"匾额，两侧挂白底黑字的"惟楚有材"、"于斯为盛"的门联，显得十分清新典雅。门联是清代师生合作的绝句，它概括了岳麓书院的历史特色和性格特征。上联概括了千百年来，多少有志之士由此走进课堂，又步入社会，成就一番事业；下联是激励后人为之奋斗，在此兴学不断，继承发展而引以为自豪。

大门之后的二门，原为祭孔的礼殿，自明代另建文庙后，改建而成，这对书院的布局，更为完善合理。它的做法与大门不同，是在五开间的建筑中开了三个门，中对讲堂，侧通斋舍，起到了交通枢纽和区分内外的作用，使得内部教学环境免受干扰。这座门厅朴实无华，中门悬挂"名山坛席"匾额和"纳于大麓；藏之名山"对联，标示出这里是名山事业的讲学重地。

六、讲学有堂

图6-1 讲堂
二门之后，通过较开阔的庭院，为讲堂所在，呈现出庄重严整的形象。地处书院中心，与左右堂、轩、斋舍相连通。

讲堂为集中讲学的主要场所，处于书院的中心位置，虽历千年兴毁变化，却基本保持了原来的格局和五开间的规模。清代在堂前增建了九开间宽阔的敞廊，扩大了讲堂的活动空间，并与左右的堂、轩、斋舍直接连通，更加灵活方便。

这座建筑采用了歇山式卷棚屋顶，全铺青瓦，用彩色琉璃的空花屋脊和檐口剪边，勾画出屋顶的鲜明的轮廓线，展现了一种庄重舒展的风度。黑色的柱头，白色的粉墙，红色的构架，彻上露明造，构成典雅清新的格调。堂前悬匾"实事求是"和对联"工善其事必利其器；业精于勤而荒于嬉"。这是原工业专门学校时留下的遗迹。堂中讲台上于今还陈列两把太师椅，象征着朱、张开创不同学派交流的书院会讲制度。背后屏风上刻有张栻所作的《岳麓书院记》，阐发其培育人才，"传道济民"的办学宗旨，建立湖湘学派的传统学风。堂上

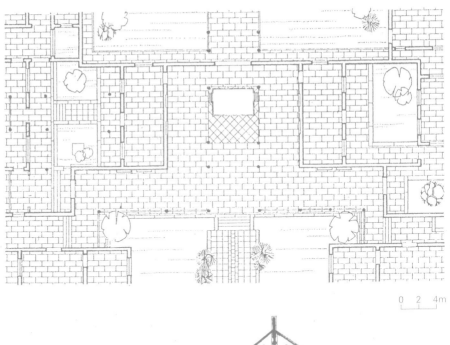

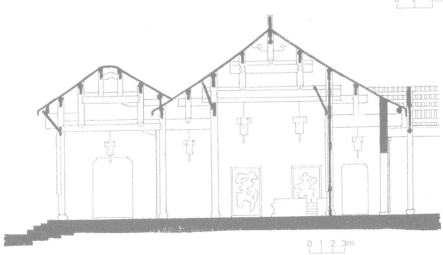

图6-2 讲堂平面图/上图

讲堂五开间，中堂三开间，外接九开间敞廊，形成
T形平面，背面封闭，设置讲台，前面开敞，供学
生坐席听讲，讲堂两侧小厅可供答疑辅导，讲学接
待之用。

图6-3 讲堂剖面图/下图

讲堂采用南方常用的抬梁与穿斗结合的构架形式，
外接卷棚式敞廊，也是南方惯用的做法。堂内墙上
嵌有"忠孝廉节"等碑刻十数方。

图6-4 敞廊／上图

4.6米的宽阔敞廊，不仅提供了交通联系的便利
条件，并扩大了讲堂空间和容纳听众的使用灵活
性。廊侧白色粉墙嵌立"整齐严肃"四字大碑，
更增加了庄重肃穆的氛围。

图6-5 讲堂内景／下图

堂内白色粉墙，黑色柱头，红色的上部构架；堂
中设置讲台、背屏，配以匾额、对联；周壁嵌立
青石碑刻，庄严典雅的格调，令人肃然起敬。

高悬有康熙皇帝的"学达性天"，和乾隆皇帝的"道南正脉"赐额，强调"天人合一"的修养和岳麓传播理学的正统地位。堂内四周粉墙上，还嵌立青石碑刻十多方，其中有朱熹访院时所题"忠孝廉节"和清代山长欧阳正焕所题"整齐严肃"八个大字，特别显得突出，成为书院的传统院训；还有"学规"、"箴言"、"读书法"等多种，详定办学方针、培养目标、道德修养、行为准则、学习方法等丰富内容，反映书院教学的特色，其中不少教义仍是值得我们今天借鉴和发扬的。书院历来重视刻碑立石，因为它能建立一种特殊的教学氛围，同时也形成了书院建筑的一种独特的装饰物。碑刻所传达的深刻的传统教育思想和优美书法艺术，给人以强烈的印象，读后令人肃然起敬，这也正是书院建筑空间所蕴含的一种潜移默化的力量。

书院提倡自学修养为主，进行启发式教学，曾立有严格学规。清代山长李文炤所订学规中，规定"每日于讲堂讲经书一通。夫既对圣贤之言，则不敢亵慢，务宜各顶冠束带，端坐辨难，有不明处，反复推详。或炤所不晓者，即烦札记，以待四方高明者共相质证，不可质疑于胸中也。"既保证讲堂的严肃性，又体现教学的民主性，质疑问难，务求透彻。山长王文清所订学规中也规定"举止整齐严肃"，"行坐必依齿序"、"日讲经书三起"。日看

图6-6 讲堂构架
讲堂内采用三架梁，彻上露明造，红色木构与白色瓦板和下部黑色柱头形成鲜明对比，仅脊梁略施彩绘，显示出古朴典雅的格调。

《纲目》数页。通晓时务物理。参读古文诗赋。读书必须过笔。会课按刻早完。夜读仍戒晏起。疑读定要力争"。书院提倡学术交流，因此过境学者、地方官员也常来院讲学，甚至与山长共登讲台会讲交流，也正是"以待四方高明者共相质证"的体现。

讲堂两侧小厅，曾名为东西两序，或称东西两轩，并曾命名日新、时勿两斋，亦传为朱张讲学之处。史载朱熹"治郡事甚劳，夜则与诸生讲论，随问而答，略无倦色"。此处当属答疑辅导和讲学接待的场所。学堂时东轩曾辟为"十彝四堂"，陈列商周古铜器十件，供人观览，也体现重视文物保护和传统教育的教学思想。

图6-7 屋脊装饰
小青瓦屋面，采用黄绿相间颜色的琉璃透空茶花脊饰和垄吻，不仅可减轻屋脊的沉重感，以虚代实；且勾画出鲜明的屋顶轮廓线，简朴中略增文采。

七、自学有斋

书院要求学生住院读书，以自学为主，因此斋舍既是住宿的也是学习的重要空间。斋舍区位于讲堂前庭的左右两侧，初创时已有"斋序五十二间"，分有四斋，相当于现存规模，后扩建为六斋。斋名历代有所改变，如明代斋名有诚明、敬义、日新、时习等；清代则改为存诚、主敬、居仁、由义、崇德、广业等，这些名字大都取自儒家经典。过去每斋都写有斋铭，阐述斋名的深刻含义，供学生诵记，以此加强修养。

原斋舍均采用整齐划一的单面走廊形式。建筑为南北向，行列布局，廊在南，面向庭院，故少有外部干扰，是很幽静的读书环境。每室住学生两名，各置板床、箱架、方桌、条

图7-1 半学斋
位于堂前左侧斋舍。因学堂时改为教师住宿及办公用房，故改名半学斋，仍保留独立院落形式，现主要用作历史陈列等。

图7-2 斋舍
讲堂前左右两侧对称的斋舍，南北朝向，原为
学生住宿的地方，十三开间长的廊房，形成各
自独立的院落，提供了安静的生活自学环境，
现已改成历史陈列室及研究室等

◎ 筑境 中国精致建筑100

图7-3 半学斋内院

斋舍虽经学堂以来的改建，但仍保留廊房和狭长院落的特点，院中点缀绿化，显示出清幽宁静的读书环境。

桌各二，板凳四条。各斋设有厨房、澡堂、厕所各一间，以满足日常生活的需要。每斋选拔一名优秀学生担任斋长，协助管理工作。在李文炤的学规中对学生学习还曾规定："每月各作三会，学内者书二篇、经二篇，有余力作性理论一篇；学外者书二篇，有余力作小学论一篇"，以此督促学习，考核成绩。后来又分官课和院课两种考试，官课由地方官员出题评定，院课则由山长主持，成绩分"超、特、壹"三等，加以奖励。现存建筑是清代改为学堂时建造的，抗战时又遭炸毁，以后重新修复。东区因做行政办公及教师宿舍，改名半学斋；西区用作课堂等教学用房，改名学文学斋，后名教学斋。虽与原来的斋舍面貌有所改变，仍不失其幽静环境特点。

图7-4 教学斋/对面页

位于讲堂前右侧斋舍。学堂时已改为教学用房，故改名教学斋。今仍保留有教室，并辟有陈列室及研究室等。

图7-5 研究陈列室
在教学斋内,陈列有岳麓书院及湖南地区书院的调查研究成果。室中还陈设有一个精致的书院全景模型。

近年经整理重修,用于历史陈列及教学、研究活动,展示出岳麓书院至湖南大学千多年来的发展概况和历史成就,以及湖南书院的史迹现状等,开辟了书院文化研究的阵地,古老书院正呈现新的活力。

在湖南高等师范学校停办后,杨昌济等在半学斋进行筹备建立湖南大学的工作,因此,杨的学生毛泽东、蔡和森等在1916—1918年间,多次借寓半学斋,开展农村调查,编辑《湘江评论》,探讨救国之道,故今辟纪念室于斋内。

八、御书之楼

◎ 筑境 中国精致建筑100

书院二字在古代即源于藏书，所以教学与藏书的关系是十分密切的。唐代宫廷中有丽正修书院、集贤殿书院，就是皇家藏书、修书之所，也是最早出现的书院名称，但非聚徒讲学之所。随着印刷术的发展，图书出版普及民间，为民间藏书、聚徒讲学创造了条件，因此书院藏书成为重要组成内容，较大的书院莫不设置藏书的楼阁。不少书院还编辑刻印图书，古称"书院本"，是当时质量较高的版本，为世人所珍视。

岳麓早在僧人智璇办学时，就曾派人到京城采购图书，供人学习。宋代创院不久，于999年建成书楼于讲堂之后，成为书院的重点建筑，也是院内的唯一楼阁建筑。后虽屡遭战火，历代重建，仍保持了它的基本形式。宋名藏经阁，曾得朝廷赐书两次。元、明称尊经阁，已有"经书万卷"，阁内曾嵌有"紫阳遗迹"碑刻，图绘朱熹在湘事迹，意在"兴起尊贡尚德之心，而思读其书，以学其道"。清代因得康熙皇帝赐书，重建更名御书楼，改嵌"岳麓法帖"，集历代名人书法，至今仍留存碑刻数方。岳麓藏书多数依赖社会和师生捐献，曾订立《岳麓书院捐书详议条款》，对图书的购求、收发、交代、藏贮、看守等项都有详尽的规定，建立了严密的管理制度。明清两代先后编辑出版《岳麓志》、《图志》、《新志》、《续志》、《补志》等六种，现存三种，以及《岳麓诗文钞》57卷，计1090篇章，系统地整理保存了岳麓史料，作出了历史性贡献。

图8-1 御书楼远景/对面页
讲堂之后，高耸书楼尽在水声山色之中，环境清幽诱人，为藏书攻读的佳境，是书院最后一进的重点建筑。

图8-2 书楼正面/前页

重檐歇山顶楼阁建筑，外部做法装饰与赫曦台类似，外观为3层，内部有地下层及阁楼层，故实为五层。目前上部楼层仍用于藏书，底层供接待之用。

书楼最后毁于抗战，战后曾两次改建为办公楼，虽仍旧名，但已面目全非。近年修复书院，重建歇山重檐顶楼阁，吸取了赫曦台的做法特征，使之前后呼应，协调统一。为适应现代藏书要求，采用了钢筋混凝土仿木构形式，及集中空调、电动书梯、烟感防火等设施。

楼前引泉开池，恢复了原有"尽在水声山色里"的境界；重建了拟兰、汲泉两古亭，并与爬山碑廊相连，集中嵌存了原有古碑，更好地保存了书院文物，体现了书楼集碑的传统，同时形成更为幽静、更具特色的书楼廊院，突出了书院的重点和文化内涵。

图8-3 书楼剖面图

楼处坡地之上，两侧依地形变化有爬山复廊围合，形成封闭性廊院，廊内嵌存旧碑数十方，呈现出一派斯文气息，再现书楼存碑的传统。

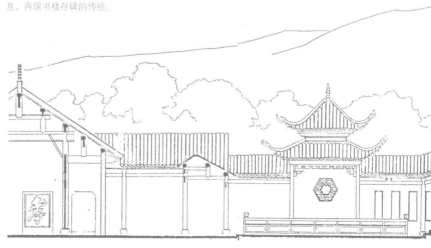

清代曾在楼前增建文昌阁，供奉文昌帝君神像，祈求功名利禄，凡科举中试的学生，题名阁内，以资鼓励表彰。这不仅有背书院原旨，反映书院后期官学化影响加深的结果，且使书楼院落拥塞，阴暗潮湿，不利藏书，成了书院建筑群中的一处败笔，因此近年未再恢复，仍保持清代以前的格局，更体现书院的原有特点。

　　书楼现已成为湖南大学古籍及书院文物藏馆，得到海内外学人的关注，捐赠图书、文物，交流学术，古老书楼又展现出新的风采。

图8-4 楼前廊院/上图
院中开池引泉，架设石桥，更增幽深宁静的氛
围；池前有廊与讲堂及池端的拟兰、汲泉两旁相
连，更增廊院空间的节奏感。

图8-5 廊院一角/下图
地形起伏，旁廊错落，颇富空间变化，水影山
色，鸟语花香，步移景易，游人莫不流连于此。

九、道统源流

图9-1 濂溪祠与四箴亭
上列建筑为濂溪祠与四箴亭
并连一体；左为纪念周敦
颐，右为纪念程颢、程颐，
皆北宋理学宗师，排序最
高，以体现其崇高地位。
图为四箴亭建筑，侧有御
书楼衬托，对比强烈，另
成一格。

书院重视传统教育，除祭孔外，还为纪念学派宗师和建院功臣，以及地方历史人物，设立专祠，进行祭祀，构成书院教育的重要组成部分，所谓书院的"讲学、藏书、供祀的三大事业"之一。书院在千余年的继承发展中，曾在院内外设有专祠十多处，祭祀对象多达数十人，如此之多，非他院可比。

早在宋元时期，书院内曾设诸贤祠于讲堂之东，或称诸先生祠，供祀建院功臣朱洞、周式、李允则，及学派代表人物朱熹、张栻等。明代分设崇道祠，专祀朱、张，又称朱张祠，并书匾"正脉"，后改"斯文正脉"，突出其正统地位。还设有六君子堂，供祀建筑功臣宋代的朱洞、李允则、刘珙、周式、明代的陈纲、杨茂元，又称慕道祠，以后陆续增加历史人物，包括了历代山长。堂虽仍沿旧名，实为院史纪念堂。明代因得世宗皇帝所撰写的《敬一箴》及所注《程氏四箴》，建敬一亭，存其

图9-2 杉庵旧址／上图

为纪念东晋陶侃曾在此植杉建庵，开拓经营之
功，后人于濂溪祠左侧重建杉庵一间，故留此
遗迹。

图9-3 崇道祠与六君子堂／下图

中列祠、堂并连一体，祠为纪念朱熹、张栻，
又名朱张祠；堂为纪念建院有功人物，皆属书
院本师，体现尊重传统的精神。

碑刻，后更名四箴亭，专祀程颢、程颐兄弟。二程为北宋理学的奠基人，朱、张皆为其四传弟子，演变为闽学与湘学的代表人物。清代又增建濂溪祠，专祀周敦颐。因尊周为理学的开山祖，且属湖南人，原附祀于院外屈子祠内，以为不恭，故增专祠于院内。清嘉庆年间，因感此上各祠修建时间不一，安排无序，又依尊卑上下加以调整迁建，使之成为濂溪、四箴、崇道、六君子序列，即现存布局形式。另外清道光年间两江总督陶澍为纪念先人东晋陶侃开拓麓山之功，建陶桓公杉庵一间于濂溪祠旁。清光绪年间又辟船山祠于六君子堂对面，与原有山斋相连，以纪念明末岳麓学生王夫之在学术上作出的杰出贡献。由此构成书院后部左侧的专祠群，体现了岳麓的学统源流。

专祠的形式与配列采取了统一规制。每祠为三开间硬山式屋顶建筑。两祠为一列，依据地形，组成三列；分上下两院，两侧以爬山

图9-4　船山祠

下列船山祠与山斋旧址相连一体，与中列面对，构成一院。祠为纪念王夫之，王曾为岳麓学生，后因其学术成就杰出，而立专祠，书院中也可算特例。

图9-5 专祠侧廊
专祠采取基本整齐划一的建筑形式，组成两
院，但因地形起伏，左侧有爬山小廊相连通，
依势而上，别增幽深情趣。

廊相连。紧凑的空间布局，与高大书楼庭院形
成强烈对比，严整有序的祠宇，清幽宁静的小
院，亲切宜人，另成境界。

　　原在院外尚有道乡祠、屈子祠等多处，
已多毁圮。道乡祠系纪念北宋徽宗时谏官邹浩
（号道乡），他因直言进谏遭蔡京所忌，被贬
谪衡州，经长沙时又被长沙地方长官驱逐不能
逗留，连夜麓山寺僧迎住山寺，并拟在书院讲
学，但又被当局驱逐，因此张栻主院时在山上
筑台，名为道乡台以为纪念。明代改建道乡
祠，清代移址扩建，亦曾住宿书院学生。抗日

战争中长沙大火时被毁。院外左侧曾在清代建有三间大夫祠，供祀屈原，后名屈子祠；其东有贾太傅祠，供祀贾谊，后从祀子弟宋玉、唐勒、景差及司马迁等；其西有李中丞祠，供祀巡抚李发甲，后从祀巡抚丁思孔。后又于三祠之东，增建山长罗典专祠；之西增山长欧阳厚均专祠，并陆续附祀其他建院功臣。以上五祠亦在抗战中破坏，现仅存屈子祠遗构。以上也可见书院供祀对象较为庞杂，已不限于理学宗师，反映清代经学的发展，有所扩延。因长沙世称"屈贾之乡"，纪念屈贾已有很久历史，被视为湖湘文化的渊源，这也反映了书院重视地方历史传统的教育。

十、贤关圣域

书院祭孔，继承了官学的传统，岳麓初期已设礼殿于讲堂之前，又名孔子堂，曾"塑先师十哲之像，画七十二贤"，颇为隆重。明代改名大成殿，随后迁于院左，按州县官学制度，建成孔庙，又称文庙，与书院并列，另成院落别出一格，成为书院的特殊组成部分，为一般书院所少有，显受官府的影响，因此每逢开学，地方文武官员率师生进行祭祀。

文庙初建时，"有宣圣殿（即大成殿），承以崇台，盘以文石，虬柱云楣，华梁藻井"，可见其雕饰彩绘，已相当华丽。文庙后屡有破坏重建，现存建筑为战后修复，又经近年修建，虽非旧貌，但基本格局保存未变。文庙原有建筑三进，今存两进。前院大成门前有"万仞宫墙"——照壁，两侧有石构坊门，外额"德配天地"、"道冠古今"，内额"贤关"、"圣域"，坊外原有"文武官员到此下马"碑，标志着神圣之所在，院内石狮一对，古树数株，更增加了肃穆的氛围。大成门内，为文庙主院。大成殿原为七开间，今五开间重檐歇山顶建筑，高踞崇台之上，石栏、盘龙御道衬托，与左右廊庑相连，更显示出严整崇高的形象。殿内仍挂有"万世师表"匾额和孔子、四配——颜渊、子思、曾参、孟轲画像，显示出庄重、尊隆的氛围，今已成为学术交流活动场所，曾多次在此举行国际性学术会议，深得国内外学者的赞赏，认为是最具历史教育意义的理想环境。殿后高阜之上，原有崇圣祠，久毁未复。

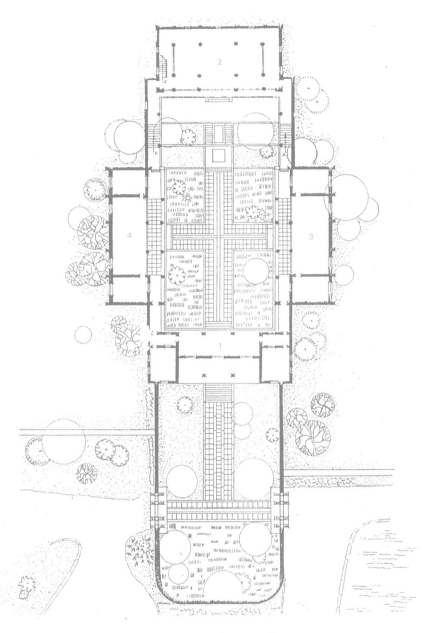

1.大成门；2.大成殿；3、4.庑殿

图10-1 文庙平面图

岳麓仿州县官学规制，另建文庙于书院左侧，

自成体系。从明代兴建，后虽屡有毁兴，但基

本格局未变。原有三进，现存两进。

贤关圣域

图10-2 牌坊/前页
大成门两侧设石坊门出入。坊门外额"德配天地"、"道冠古今",内额"贤关"、"圣域",坊外竖立"文武官员到此下马"碑,标示出神圣的重地所在。坊为四柱三楼石构,上额双凤,下额双龙雕饰,另嵌透花板装饰,简朴略增文采,仍与书院格调相适应。

文庙建筑外观为朱柱红墙、黄瓦的官式建筑,一派宫殿气概,与书院原有的黑柱、灰白粉墙、青瓦的民间做法,存在显著差别,对比强烈,且两者有侧门相通,并连一体。文庙虽按州县官学制度显示出独特风貌和神圣地位,但与官学有所不同,并没有以文庙为主体,仍保持了原有书院建筑的中心地位。由于利用了地势,文庙处于较低的位置,且较原有书院建筑退后安排,加以入院的主要通道处于书院西侧,以及树木绿化的遮掩,使文庙较为隐蔽,而不致产生喧宾夺主,互争高下之感,使之既各具特色,又丰富了总体的景观面貌,也可算是扩建中的成功之处。

图10-3 大成门
门前石狮一对,古树参天,宫墙照壁围合;门联:"金声玉振,虎跃龙腾",院落虽小,却给人以肃穆威严之感。

图10-4 大成门内两庑

大成门内为文庙主院，两侧有左右庑殿，均为两坡顶硬山建筑，封火山墙高出屋面，墙垛翘起，别有韵味，也是湖南庙宇常用手法。

图10-5 大成殿/后页

主院上为祀孔大殿，曾称宣圣殿，处高台即乐台之上，前有御道台阶石栏，衬托出庄严隆重的氛围。殿庑之间有廊相连，构成严整的主院空间。

筑境　中国精致建筑100

图10-6 大成殿内景
殿内悬挂有孔子及四配画像，和"万世师表"匾额，显示出清雅庄重的格调。今已成为重要学术交流活动的场所，中外学者视为最具深意的理想环境。

十一、文人情趣

图11-1 百泉轩
轩居讲堂之南，原为山长的住所，单檐歇山顶五开间建筑。

书院为文人聚居讲习之地，同时书院的建设也经过历代文士们长期地刻意经营，所以建筑内外，处处均散发出浓郁的文化气息。建筑空间的清新雅致，环境的清幽恬静，以及园林中的诗情画意，无不显示出文人的高雅情趣。

院西后侧与岳麓山的青枫峡相连，景色极美，人称"绝佳之境"。自宋代就已创辟百泉轩园林于此，为书院山长的居处。元人吴澄曾作《百泉轩记》，说朱熹、张栻"昼而燕坐，夜而栖宿，必于是也。二先生酷爱是泉也，盖非止于玩物适情而已……"。那么究竟是什么使他们如此钟情于此呢？张栻曾写诗阐发其趣："流泉自清泻，触石短长鸣；穷年竹根底，和我读书声。"这里不仅描绘出是以泉、石、竹为主的自然景色，以其清新淡雅，也正是他们寓情的所在；同时又把"泉声"和"书声"结合起来，产生共鸣，更寓意于自然韵律和人生追求的协调统一，也正是理学家们所强

图11-2 百泉轩构架（上图）

轩内为六架梁卷棚，彻上露明造，不加彩绘，栗色木构与白色瓦板、粉墙相对比，显得格外清新雅致。

图11-3 百泉轩水池（下图）

轩南临清池，山泉汇聚，流水终年不息，水影山色，因时而易，成为书院绝佳之境。外为园林，借得麓山景色，极尽天然情趣。

调的修养心性，天人合一的理想境界。百泉轩延续至清代初期，后改名半学斋，建筑有所增建变化，仍居山长。半学之名出于《尚书·说命篇》："惟教半学"，即半教半学，教学相长之意。学堂以后扩建，半学斋迁往院东斋舍，园林日渐消失。抗日战争夷为废墟，已少有遗迹。

近年修复书院，重构百泉轩园林，开涧凿池，引泉入园，架设小桥、蹬石、种竹栽花，仍以泉、石、竹为其主要特色。并依山就势，围以云墙、碑廊，"嘉则收之，俗则屏之"，使与麓山景色融为一体，力求再现昔日风采。

园内尚存唐代大书法家李邕所书《麓山寺碑》，已有一千二百多年历史，虽历经沧桑，屹立至今，文字大部保存。曾以其文辞、书法、刻工之精，誉称"三绝"，十分珍贵。清代陶澍又按其家藏宋拓本摹刻全文，刊于杉庵，至今仍存书院，亦属难得。园中碑廊存有旧碑十多块，并补刊历史碑记二十多方，由海内书法家补书，风格各一，不仅系统地保存了

图11-4 园池景色
百泉轩园林以水为主，引麓山清枫峡泉水入
池，池为三级，曲折近涧而下，山泉击石有
声，颇具天趣

图11-5 园林小径

园中乱石小径，旁有翠竹、云墙，粉墙竹影，
风动有声，更添一层清幽景趣。径沿土坡而
上，可通往麓山寺碑亭。

图11-6 麓山寺碑亭
园中尚存在麓山寺碑，系唐代大书法家李邕撰
文书写，又称北海碑。因其文辞、书法、刻工
高精，世称三绝。虽已1200余年，大部完好，
尚存千字，极为珍贵。

文人情趣

岳麓书院

筑境 中国精致建筑100

图11-7 园林后门/前页
后门与园内碑廊相连，廊嵌历代碑文数十方。门外有小径登山，通往著名的爱晚亭，径旁小涧流泉，竹林密布，极为幽静。

史料，更增添了园林的文采。园中的时务轩，刊存了梁启超所书"湖南时务学堂旧址"及后人题跋碑刻五方，反映了湖南近代教育的历史变革与湖南大学的历史渊源。

出园林后门有小径通往麓山著名景点——爱晚亭，这里曾是书院师生游憩论学的佳境。亭处于青枫峡的谷中，选址极佳，可观览峡谷全景。清泉侧面流过，注入亭下沼池，水影山色，融为一体。该处红枫甚多，秋日丛林尽染，故山长罗典创建此亭时，初名红叶亭，又名爱枫亭。后毕沅访院游此，取意杜牧山行诗句"停车坐爱枫林晚，霜叶红于二月花"而改名，使之更具诗意。毛泽东、蔡和森等寓居半学斋时，常来此活动和夜宿，故在1952年校长李达重修该亭时，毛泽东特为亭题额。

十二、书院八景

景借文传，文人们的渲染，使风景与文化结合起来，更增情趣而流传久远。书院尤重风景环境，曾有"八景"、"十景"的建设，以表现它不同的景物特点。

岳麓八景是清代乾隆年间山长罗典辟建。罗热心于书院建设，不遗余力，到院之初，因见院周荒地甚多，"瓦砾凌乱，草木秽杂"，即决意进行整治。采取因地制宜，因势利导，挖池筑墩，引泉放鱼，栽荷植柳，种树开径；并动员学生搜寻家乡珍稀花木，进行移植，使之因时因地，各有可观，移步易景，皆成佳境。师生又共同命名题咏，名为"柳塘烟晓"、"桃坞烘霞"、"桐荫别径"、"风荷

图12-1 风雩亭
宋代曾筑风雩亭，后毁圮，此亭为清代乾隆年间重建六柱圆形攒尖顶茅草亭于院前右侧饮马池中，有小桥可通。沿池植柳，成为八景之一的"柳塘烟晓"。

图12-2 吹香亭

宋代曾有亭，但已久废无考。清乾隆时重建八角攒尖青瓦亭，于院左黉门池中，架设三孔石桥相连，池栽荷花，亦成为八景之一的"风荷晚香"。

图12-3 桐荫别径

文庙左侧，有洞门小径，上额"桐荫别径"，亦可由此登山，厚槽桐成荫，成为八景之一。

晚香"、"曲涧鸣泉"、"碧沼观鱼"、"花墩坐月"、"竹林冬翠"
八景；并集成刊印《岳麓八景诗抄》一本，成为师生合作的结晶，留下
了历史的见证。其中有"岳麓八景"诗一首，集八题而成：

> "晓烟低护柳塘宽，桃坞烘霞一色丹。路绕桐荫芳别径，香
> 生荷岸晚风拦。泉鸣涧并青山曲，鱼戏人从碧沼观。小坐花墩斜月
> 照，冬林翠绕竹千杆。"

由此师生常共同游憩其中，随感而发，交流思想，探讨学术，成为
培育师生感情、增强教学效果的重要课堂。

近代以来，学校不断扩建，已非原有面貌，但仍有遗迹可寻。多年
修复书院，在整理环境、拓展园林中，探寻史迹，也力求恢复八景，再
现书院特色。岳麓书院修复后，占地约20000平方米，建筑面积7000余
平方米。严整的中轴对称布局，穿插大小庭院、天井，和自由灵活的园
林绿地，毗连一体，而又分成独立院落。

岳　书
麓　院
书　八
院　景

◎ 筑境

中国精致建筑100

图12-4 桃坞烘霞
院前原为左桃李坪，以寓意"桃李满天下"。
今仍植有桃林一片，以存寓意，亦为八景之一。

大事年表

朝代	年号	公元纪年	大事记
北宋	开宝九年	976年	潭州太守朱洞、通判孙逢吉在唐末五代僧人智璇等办学的基础上，"因袭增拓"，创建书院。时讲堂五间，斋序五十二间
	咸平二年	999年	太守李允则扩建，外敞门屋，中开讲堂，揭以书楼，塑先师孔子及十哲、七十二贤；请辟水田，奠定书院基本规制
	大中祥符八年	1015年	真宗皇帝召见山长周式，拜国子监主簿。周辞，仍归院主教。赐对衣鞍马、内府藏书，御书"岳麓书院"额。"于是称闻天下"
	元符二年	1099年	地方推行三舍法，潭州变通实行，以月试积分等，升州学、湘西、岳麓三学，岳麓由此确立高等学府地位
南宋	绍兴元年	1131年	毁于战火，"什一仅存"
	乾道元年	1165年	安抚使刘珙重建，"为屋五十楹，大抵悉还旧观"，有讲堂、先圣殿、藏经阁、山斋等。院外建有风雩亭、濯缨池、咏归桥、船斋、浮桥等
	乾道二年	1166年	朱熹来访，与张栻会讲二月余，来学者达千人。朱熹手书"忠孝廉节"四个大字于讲堂
	绍熙五年	1194年	朱熹任湖南安抚使，再访岳麓，并整顿更建，聘黎贵臣为讲书执事，置田五十顷。以《白鹿洞书院揭示》为岳麓学规，来学者"座不能容"

朝代	年号	公元纪年	大事记
南宋	景炎元年	1276年	元兵攻潭州，诸生撤居城内学习，并参加抗元战斗，"死难无算"。书院又毁
元	至元二十三年	1286年	学政刘必大重建，次年"始复旧观"
明	弘治九年	1496年	知府王瑶、同知杨茂元建尊经阁，内嵌"紫阳遗迹"石刻，以纪念朱熹。并辟道路，广舍宇，备器用，增公田，储经书，恢复办学，聘叶性为山长
	弘治十八年	1505年	都指挥杨溥建大成殿于院前
	正德二年	1507年	守道吴世忠拆道林寺扩建书院，依风水更朝向，增建文庙于院左
	嘉靖六年	1527年	知府王秉良、孙存相继扩建。增成德堂，延宾、集贤二馆，诚明、敬义、日新、时习四斋，天、地、人、智、仁、勇六舍，置田1449亩。复请赐书，得世宗皇帝撰《敬一箴》并注程氏四箴。"书院之盛，振美一时"
	嘉靖十八年	1539年	知府季本修书院，增建拟兰亭、流觞曲水亭，置田百四十亩，并讲学书院，"四方之士多从之游"
	嘉靖四十四年	1565年	推官翟台，知府蒋弘德重修书院
	万历二十一年	1593年	知府吴道行重修，立"圣道中天"匾。李按台立"万代瞻仰"坊于大成殿。重修《岳麓书院图志》十卷
	万历三十九年	1611年	知县唐源重修书院
	万历四十四年	1616年	学道邹志隆等建道乡祠于赫曦台旧址，置田令僧人奉祀
	天启元年	1621年	知县张明宪重修尊经阁、静一堂。邹元标寓院讲学，"诸名士从之游"

朝代	年号	公元纪年	大事记
明	崇祯十六年	1643年	毁于兵火。次年山长吴道行绝食而卒
清	顺治九年	1652年	巡道彭禹峰聘刘自熁为山长。刊立"卧碑"作为书院条规
	康熙七年	1668年	巡抚周召南捐修重建文庙及成德堂、静一堂、崇道祠、六君子堂、拟兰亭、汲泉亭、四箴亭等，"缭之以垣，凡二里许"
	康熙十三年	1674年	院舍多毁于吴三桂之变
	康熙二十六年	1687年	得康熙帝御书"学达性天"额及《十三经》、《廿史》等书十六种。重建御书楼，增建文昌阁。巡抚郑端聘李中素为山长。郡丞赵宁主编《新修岳麓书院志》八卷
	雍正十一年	1733年	清廷定为省城书院。得银五百两，巡抚钟保重修。李天柱任山长
	乾隆二年	1737年	又得赐银千两，巡抚高其倬重修，曹耀珩任山长
	乾隆九年	1744年	得乾隆帝御书"道南正脉"匾，蒋溥重修书院。"四方来学者不下数百人"
	乾隆二十八年	1763年	巡抚陈宏谋增建斋舍数十间
	乾隆四十四年	1779年	巡抚李湖重修斋舍，创建监院。刘权之继修，凿文泉于讲堂西
	乾隆四十五年	1780年	巡抚刘墉与山长并坐会讲
	乾隆四十七年	1782年	罗典任山长27年，门下发名成业者如陶澍、严如煜、欧阳厚均等数百人；并以其薪俸增修书院，创辟"书院八景"，刊《岳麓八景诗集》。曾八次受吏部表彰

朝代	年号	公元纪年	大事记
清	乾隆五十四年	1789年	湖广总督毕沅访问罗典，并讲学书院
	乾隆五十七年	1792年	罗典建爱晚亭、魁星楼
	嘉庆元年	1796年	知府张翙倡建三闾大夫祠，又建贾太傅祠于其左，李中丞祠于其右
	嘉庆十七年	1812年	袁名曜任院长。魏源等从之游。巡抚广厚刊《儒门法语》分发诸生。盐粮道图勒斌重修书院。袁名曜创建濂溪祠于朱张祠右，改建自卑亭于路中。学政汤金钊捐建朱张渡亭
	嘉庆二十三年	1818年	欧阳厚均任院长27年，著录弟子3000余人，曾国藩、左宗棠、郭嵩焘、李元度等皆出门下。创建崇圣祠。陈新父子移建四箴亭于今址
	嘉庆二十四年	1819年	欧阳厚均改建半学斋，重修讲堂、禹碑亭、道中庸亭、北海碑亭、道乡台及祠、魁星楼，改名东、西亭为吹香、风雩亭，并设石桌、石鼓
	嘉庆二十五年	1820年	欧阳厚均定《岳麓书院捐书详议条款》，购置征集图书10054卷，并编制目录；创建岳神庙，迁建六君子堂及濂溪祠于今址
	道光十一年	1831年	巡抚吴荣光创建湘水校经堂，专课经史，以经义、治事、辞章分科试士，开湖南书院改革先声，"多士景从，咸知讲求实学"
	道光十八年	1838年	两江总督陶澍创建陶恒公杉庵，刻嵌家藏宋拓北海碑，以纪念陶侃。同时山上建印心石屋，道光帝题额

朝代	年号	公元纪年	大事记
清	咸丰二年	1852年	太平军之役，"书院毁半"
	咸丰三年	1853年	丁善庆率诸生捐修圣庙、御书楼、文昌阁、讲堂、斋舍、祠宇
	咸丰十一年	1861年	丁善庆重修自卑亭，重刊《新修岳麓书院志》八卷
	同治四年	1865年	丁善庆重修爱晚亭、极高明亭、道中庸亭、道乡台、崇圣祠、讲堂、二门
	同治七年	1868年	周玉麟任院长8年。巡抚刘崑大修书院及麓山的云麓宫等。"因旧制而复者十之五，新建者十之二，或增或改者十之三，共费钱六万缗有奇"，次年完成
	光绪二十二年	1896年	王先谦发布劝阅《时务报》手谕，并购报分发学生，"以广开见闻，启发志意"
	光绪二十三年	1897年	一月王先谦领衔奏请成立时务学堂，巡抚陈宝箴批准。聘熊希龄为总理，梁启超为中文总教习，李维格为西文总教习。八月招生，十月开学。是年七月，王先谦发布岳麓书院《月课改章手谕》，分经、史、掌故、算、译五门课士，前一门院长亲自督导，后两门分请学长教习

朝代	年号	公元纪年	大事记
清	光绪二十四年	1898年	熊希龄等捐赠新学西书120种计400余本。七月斋长宾凤阳等上书王先谦，攻击时务学堂所倡民权、平等之说，王联络叶德辉等向巡抚进递《湘绅公呈》指责梁启超等为"康门谬种"，要求对时务学堂严加整顿，辞退"异学之人"。熊希龄等以《公恳抚院整顿通省书院禀稿》反击。八月王先谦等又发动岳麓、城南、求忠三院部分学生订《湘省学约》七条，诋毁时务学堂。九月北京政变，维新运动失败。十一月时务学堂停办，次年三月改为求实书院
	光绪二十七年	1901年	八月清廷下诏改革学制，令全国书院改为大、中、小学堂
	光绪二十八年	1902年	巡抚俞廉三将求实书院改为湖南大学堂，后改名湖南高等学堂，而岳麓、求忠、城南等院则以诸生年龄大，主要课经史等由，仍坚持未改
	光绪二十九年	1903年	巡抚赵尔巽奏废书院，岳麓始改湖南高等学堂，并将求实书院（前身为时务学堂）所改的高等学堂并入。讲求中西学术，推行近代学制。东西斋舍悉改新式办公及教学用房，其他仍旧保留原貌不变

图书在版编目（CIP）数据

岳麓书院／杨慎初撰文／摄影. —北京：中国建筑工业出版社，2014.6
（中国精致建筑100）
ISBN 978-7-112-16626-8

Ⅰ.①岳… Ⅱ.①杨… Ⅲ.①岳麓书院–建筑艺术–图集 Ⅳ.① TU-092.2

中国版本图书馆CIP 数据核字（2014）第057549号

©中国建筑工业出版社

责任编辑：董苏华　张惠珍　孙立波
技术编辑：李建云　赵子宽
图片编辑：张振光
美术编辑：赵　清　康　羽
书籍设计：瀚清堂·赵　清　周伟伟　康　羽
责任校对：张慧丽　陈晶晶　关　健
图文统筹：廖晓明　孙　梅　骆毓华
责任印制：郭希增　臧红心
材料统筹：方承艺

中国精致建筑100

岳麓书院

杨慎初 撰文／摄影

中国建筑工业出版社出版、发行（北京西郊百万庄）
各地新华书店、建筑书店经销
南京瀚清堂设计有限公司制版
北京顺诚彩色印刷有限公司印刷

开本：889×710 毫米　1/32　印张：3　插页：1　字数：125 千字
2015年9月第一版　2015年9月第一次印刷
定价：**48.00**元
ISBN 978-7-112-16626-8
　　（24351）